# 毒物劇物試験問題集
## 〔中国五県統一版〕

令和2(2020)年度版

# 序

　毒物及び劇物取締法は、日常流通している有用な化学物質のうち、毒性の著しいものについて、化学物質そのものの毒性に応じて毒物又は劇物に指定し、製造業、輸入業、販売業について登録にかからしめ、毒物劇物取扱責任者を置いて管理させるとともに、保健衛生上の見地から所要の規制を行っています。

　毒物劇物取扱責任者は、毒物劇物の製造業、輸入業、販売業及び届け出の必要な業務上取扱者において設置が義務づけられており、現場の実務責任者として十分な知識を有し保健衛生上の危害の防止のために必要な管理業務に当たることが期待されています。

　毒物劇物取扱者試験は、毒物劇物取扱責任者の資格要件の一つとして、各都道府県の知事が概ね一年に一度実施するものであります。

　本書は、令和元年度から中国五県〔島根県、鳥取県、岡山県、広島県、山口県〕で実施された試験問題を、試験の種別に編集し、解答・解説を付けたものであります。

　特に本書の特色は法規・基礎化学・性状及び取扱・実地の項目に分けて問題と解答・解説を対応させて収録し、より使い易く、分かり易い編集しました。

　毒物劇物取扱者試験の受験者は、本書をもとに勉学に励み、毒物劇物に関する知識を一層深めて試験に臨み、合格されるとともに、毒物劇物に関する危害の防止についてその知識をいかんなく発揮され、ひいては、化学物質の安全の確保と産業の発展に貢献されることを願っています。

　なお、解答・解説については、この書籍を発行するに当たった編著により作成しております。従いまして、本書における不明な点等がある場合は、弊社へ直接メールでお問い合わせいただきますようお願い申し上げます。（お電話でのお問い合わせは、ご容赦いただきますようお願い申し上げます。）

　最後にこの場をかりて試験問題の情報提供等にご協力いただいた中国五県〔島根県、鳥取県、岡山県、広島県、山口県〕の担当の方へ深く謝意を申し上げます。


２０２０年８月

# 目　　次

# 筆 記 編
## 〔法規、基礎化学〕

# 中国五県統一版〔島根県、鳥取県、岡山県、広島県、山口県〕

# 〔法規編〕

## 【令和元年度実施】

## (一般・農業用品目・特定品目共通)

**問1** 以下の法の条文について、（　）の中に入れるべき字句の正しい組み合わせを一つ選びなさい。

第1条　この法律は、毒物及び劇物について、（ア）の見地から必要な取締を行うことを目的とする。

第2条　この法律で「毒物」とは、別表第一に掲げる物であって、（イ）及び（ウ）以外のものをいう。

|   | ア | イ | ウ |
|---|---|---|---|
| 1 | 公衆衛生上 | 医薬品 | 医薬部外品 |
| 2 | 公衆衛生上 | 医薬部外品 | 危険物 |
| 3 | 保健衛生上 | 医薬品 | 危険物 |
| 4 | 保健衛生上 | 医薬品 | 医薬部外品 |

**問2** 特定毒物に関する記述の正誤について、正しい組み合わせを一つ選びなさい。

ア　毒物若しくは劇物の輸入業者又は特定毒物研究者でなければ、特定毒物を輸入してはならない。

イ　特定毒物を所持することができるのは、特定毒物研究者又は特定毒物使用者のみである。

ウ　特定毒物使用者は、特定毒物を品目ごとに政令で定める用途以外の用途に供してはならない。

エ　特定毒物研究者は、特定毒物を学術研究以外の用途に供してはならない。

|   | ア | イ | ウ | エ |
|---|---|---|---|---|
| 1 | 正 | 誤 | 誤 | 誤 |
| 2 | 正 | 誤 | 正 | 正 |
| 3 | 正 | 正 | 正 | 誤 |
| 4 | 誤 | 正 | 誤 | 正 |

**問3** 以下の法の条文について、（　）の中に入れるべき字句の正しい組み合わせを一つ選びなさい。

第3条の3　興奮、（　ア　）又は（　イ　）の作用を有する毒物又は劇物（これらを含有する物を含む。）であって政令で定めるものは、みだりに摂取し、若しくは吸入し、又はこれらの目的で（　ウ　）してはならない。

|   | ア | イ | ウ |
|---|---|---|---|
| 1 | 幻覚 | 麻酔 | 所持 |
| 2 | 幻聴 | 麻酔 | 授与 |
| 3 | 幻覚 | 鎮静 | 授与 |
| 4 | 幻聴 | 鎮静 | 所持 |

**問4** 以下のうち、法第3条の4で「業務その他正当な理由による場合を除いては、所持してはならない。」と規定されている「引火性、発火性又は爆発性のある毒物又は劇物であって政令で定めるもの」を一つ選びなさい。

1　ピクリン酸　　2　酢酸エチル　　3　メタノール　　4　ニトロベンゼン

問5　毒物劇物営業者に関する記述の正誤について、正しい組み合わせを一つ選びなさい。

　　ア　毒物又は劇物の製造業者が、その製造した毒物又は劇物を、他の毒物又は劇物の販売業者に販売するときは、毒物又は劇物の販売業の登録を受けなくてもよい。
　　イ　毒物又は劇物の販売業者が貯蔵している毒物又は劇物を廃棄したときには、その店舗の所在地の都道府県知事(その店舗の所在地が、保健所を設置する市又は特別区の区域にある場合においては、市長又は区長。)にその旨を届け出なければならない。
　　ウ　毒物又は劇物の販売業の登録を受けようとする者が、法の規定により登録を取り消され、取消の日から起算して3年を経過していても販売業の登録は受けられない。
　　エ　農業用品目販売業の登録を受けた者は、農業上必要な毒物又は劇物であって省令で定めるもの以外の毒物又は劇物を販売してはならない。

| | ア | イ | ウ | エ |
|---|---|---|---|---|
| 1 | 正 | 正 | 誤 | 誤 |
| 2 | 誤 | 正 | 正 | 誤 |
| 3 | 正 | 誤 | 誤 | 正 |
| 4 | 誤 | 誤 | 正 | 正 |

問6〜問9　以下の毒物又は劇物の製造所の設備の基準に関する記述について、正しいものには1を、誤っているものには2をそれぞれ選びなさい。

　　問6　毒物又は劇物を陳列する場所にかぎをかける設備があること。ただし、常時従事者による監視が行われる場合は、不要である。
　　問7　毒物又は劇物の製造作業を行う場所は、コンクリート、板張り又はこれに準ずる構造とする等その外に毒物又は劇物が飛散し、漏れ、しみ出若しくは流れ出、又は地下にしみ込むおそれのない構造であること。
　　問8　毒物又は劇物の製造作業を行う場所には、毒物又は劇物を含有する粉じん、蒸気又は廃水の処理に要する設備又は器具を備えていること。
　　問9　毒物又は劇物の運搬用具は、毒物又は劇物が飛散し、漏れ、又はしみ出るおそれがないものであること。

問10〜問15　以下の毒物劇物取扱責任者に関する記述について、正しいものには1を、誤っているものには2をそれぞれ選びなさい。

　　問10　毒物劇物取扱者試験に合格しても、18歳未満の者は毒物劇物取扱責任者となることができない。
　　問11　薬剤師であっても、毒物又は劇物を取り扱う業務に1年以上従事した者でなければ毒物劇物取扱責任者になることができない。
　　問12　毒物又は劇物の販売業者は、毒物又は劇物を直接取り扱うことのない店舗においても毒物劇物取扱責任者を置かなければならない。
　　問13　砒素化合物である毒物を使用して、しろありの防除を行う事業者は、毒物劇物取扱責任者を置く必要はない。
　　問14　特定品目毒物劇物取扱者試験の合格者は、農業用品目販売業の店舗の毒物劇物取扱責任者となることができない。
　　問15　毒物又は劇物の販売業者は、毒物劇物取扱責任者を置いたときは、30　日以内に、その店舗の所在地の都道府県知事(その店舗の所在地が、保健所を設置する市又は特別区の区域にある場合においては、市長又は区長。)に、その毒物劇物取扱責任者の氏名を届け出なければならない。

問16　届出に関する記述の正誤について、正しい組み合わせを一つ選びなさい。

ア　毒物劇物販売業者は、毎年 11 月 30 日までに、その年の 9 月 30 日に所有した毒物又は劇物の品名及び数量を届け出なければならない。

イ　毒物劇物販売業者が、店舗の名称を変更する場合は、事前に届け出なければならない。

ウ　法人である毒物劇物販売業者が、法人の名称を変更した場合は、30 日以内に届け出なければならない。

エ　法人である毒物劇物販売業者が、代表取締役を変更した場合は、30 日以内に届け出なければならない。

|   | ア | イ | ウ | エ |
|---|---|---|---|---|
| 1 | 正 | 正 | 正 | 誤 |
| 2 | 正 | 誤 | 正 | 正 |
| 3 | 誤 | 正 | 誤 | 正 |
| 4 | 誤 | 誤 | 正 | 誤 |

問17　毒物又は劇物の表示に関する以下の記述について、（　）の中に入れるべき字句の正しい組み合わせを一つ選びなさい。

毒物劇物営業者は、毒物又は劇物の容器及び被包に、「（ ア ）」の文字及び毒物については（ イ ）をもって「毒物」の文字、劇物については（ ウ ）をもって「劇物」の文字を表示しなければならない。

|   | ア | イ | ウ |
|---|---|---|---|
| 1 | 医療用外 | 白地に赤色 | 赤地に白色 |
| 2 | 医薬用外 | 赤地に白色 | 白地に赤色 |
| 3 | 医薬用外 | 黒地に白色 | 白地に赤色 |

問18　以下のうち、あせにくい黒色で着色したものでなければ、毒物劇物営業者がこれを農業用として販売し、又は授与してはならない劇物はどれか一つ選びなさい。

1　メチルイソチオシアネートを含有する製剤たる劇物
2　ジクロルブチンを含有する製剤たる劇物
3　硫酸タリウムを含有する製剤たる劇物
4　沃化メチルを含有する製剤たる劇物

問19　以下の法の条文について、（　）の中に入れるべき字句の正しい組み合わせを一つ選びなさい。

第14条　毒物劇物営業者は、毒物又は劇物を他の毒物劇物営業者に販売し、又は授与したときは、（ ア ）、次に掲げる事項を書面に記載しておかなければならない。

一　毒物又は劇物の名称及び（ イ ）
二　販売又は授与の（ ウ ）
三　譲受人の氏名、（ エ ）及び住所(法人にあっては、その名称及び主たる事務所の所在地)

|   | ア | イ | ウ | エ |
|---|---|---|---|---|
| 1 | その都度 | 性状 | 目的 | 職業 |
| 2 | その都度 | 数量 | 年月日 | 職業 |
| 3 | 初回のみ | 性状 | 年月日 | 年齢 |
| 4 | 初回のみ | 数量 | 目的 | 年齢 |

問 20　以下の法の条文について、（　　）の中に入れるべき字句の正しい組み合わせを一つ選びなさい。

第 15 条　毒物劇物営業者は、毒物又は劇物を次に掲げる者に交付してはならない。
　　一　（ ア ）未満の者
　　二　心身の障害により毒物又は劇物による（ イ ）上の危害の防止の措置を適正に行うことができない者として厚生労働省令で定めるもの
　　三　麻薬、大麻、あへん又は（ ウ ）の中毒者

|  | ア | イ | ウ |
|---|---|---|---|
| 1 | 18 歳 | 精神衛生 | 指定薬物 |
| 2 | 18 歳 | 保健衛生 | 覚せい剤 |
| 3 | 20 歳 | 保健衛生 | 指定薬物 |
| 4 | 20 歳 | 精神衛生 | 覚せい剤 |

問 21 ～問 23　以下の法及び政令の条文について、（　　）の中に入れるべき字句を下欄の 1 ～ 3 の中からそれぞれ一つ選びなさい。

法第 15 条の 2
　毒物若しくは劇物又は第 11 条第 2 項に規定する政令で定める物は、廃棄の方法について政令で定める技術上の基準に従わなければ、廃棄してはならない。

政令第 40 条
　法第 15 条の 2 の規定により、毒物若しくは劇物又は法第 11 条第 2 項に規定する政令で定める物の廃棄の方法に関する技術上の基準を次のように定める。
　　一　中和、加水分解、酸化、還元、（ 問 21 ）その他の方法により、毒物及び劇物並びに法第 11 条第 2 項に規定する政令で定める物のいずれにも該当しない物とすること。
　　二　（ 問 22 ）又は揮発性の毒物又は劇物は、保健衛生上危害を生ずるおそれがない場所で、少量ずつ放出し、又は揮発させること。
　　三　（ 問 23 ）の毒物又は劇物は、保健衛生上危害を生ずるおそれがない場所で、少量ずつ燃焼させること。
　　四　略

【下欄】

| 問 21 | 1　けん化 | 2　稀釈 | 3　電気分解 |
|---|---|---|---|
| 問 22 | 1　ガス体 | 2　爆発性 | 3　昇華性 |
| 問 23 | 1　爆発性 | 2　助燃性 | 3　可燃性 |

問 24　以下の法の条文について、（　　）の中に入れるべき字句を一つ選びなさい。

第 16 条の 2
　　2　毒物劇物営業者及び特定毒物研究者は、その取扱いに係る毒物又は劇物が盗難にあい、又は紛失したときは、直ちに、その旨を（　　）に届け出なければならない。

　1　保健所　　　2　警察署　　　3　消防機関

**問 25** 95％硫酸を、車両を使用して1回につき 5,000 キログラム以上運搬する場合の運搬方法に関する記述の正誤について、正しい組み合わせを一つ選びなさい。

ア　1人の運転者による運転時間が、1日当たり9時間を超える場合には、車両1台について運転手のほか交替して運転する者を同乗させなければならない。

イ　車両には、0.3 メートル平方の板に地を赤色、文字を白色として「劇」と表示した標識を、車両の前後の見やすい箇所に掲げなければならない。

ウ　車両には、防毒マスク、ゴム手袋その他事故の際に応急の措置を講ずるために必要な保護具として、保護手袋、保護長ぐつ、保護衣及び保護眼鏡を1人分備えなければならない。

| | ア | イ | ウ |
|---|---|---|---|
| 1 | 正 | 誤 | 誤 |
| 2 | 正 | 正 | 正 |
| 3 | 誤 | 正 | 誤 |
| 4 | 誤 | 誤 | 正 |

# 中国五県統一版〔島根県、鳥取県、岡山県、広島県、山口県〕〔基礎化学編〕

## 【令和元年度実施】

## （一般・農業用品目・特定品目共通）

問 26 ～ 問 33 以下の記述について、正しいものには 1 を、誤っているものには 2 をそれぞれ選びなさい。

問 26 エチレンから水素原子 1 個を取り除いた残りの炭化水素基をエチル基という。

問 27 電気陰性度が小さい元素ほど、陽イオンになりやすい傾向がある。

問 28 一般に、共有結合でできている結晶は、分子結晶に比べ融点が高い。

問 29 カルボキシル基とアミノ基の脱水縮合によって、エステル結合を生じる。

問 30 硫黄は水に溶けやすく、水に溶けて硫化水素を生じる。

問 31 元素の周期表において、18 族元素は希ガスとも呼ばれ、化学的に安定である。

問 32 元素の周期表において、水素を除く 1 族元素をアルカリ金属という。

問 33 塩化ナトリウムはイオン結晶であり、固体状態では電気を通さないが、水溶液にすると電気を通す。

問 34 ～ 問 38 以下の（　）に入る最も適当な字句を下欄の 1 ～ 3 の中からそれぞれ一つ選びなさい。

ある原子や物質が電子を失ったとき、（ 問 34 ）されたといい、原子や物質が電子を受け取ったとき、（ 問 35 ）されたという。

金属が水または水溶液中で（ 問 36 ）になる傾向を金属のイオン化傾向という。

塩化銅（Ⅱ）水溶液に 2 本の炭素棒を電極として入れ、直流電流を通じると、陰極では（ 問 37 ）が析出し、陽極では（ 問 38 ）が発生する。

### 【下欄】

| 問 34 | 1 | 分解 | 2 | 酸化 | 3 | 還元 |
|---|---|---|---|---|---|---|
| 問 35 | 1 | 合成 | 2 | 酸化 | 3 | 還元 |
| 問 36 | 1 | 陽イオン | 2 | 陰イオン | 3 | 分子 |
| 問 37 | 1 | 食塩 | 2 | 銅 | 3 | 塩化銅（Ⅱ） |
| 問 38 | 1 | 水素 | 2 | 酸素 | 3 | 塩素 |

問 39 質量パーセント濃度が 30 ％の水酸化ナトリウム水溶液 200 g に水を加えて、質量パーセント濃度が 10 ％の水酸化ナトリウム水溶液を作るには何 g の水が必要か、最も適当 なものを一つ選びなさい。

1　300 g　　　2　360 g　　　3　400 g　　　4　460 g

問 40 25 ℃、0.04mol/L の酢酸水溶液の pH（水素イオン指数）はいくらか、最も適当なものを一つ選びなさい。ただし、25 ℃における酢酸水溶液の電離度を 0.025 とする。

1　pH ＝ 1　　2　pH ＝ 3　　3　pH ＝ 5　　4　pH ＝ 7

**問 41**　水素の燃焼は、２H$_2$＋O$_2$→２H$_2$O で示される。 標準状態（温度０℃、１気圧）で 168L の水素を燃焼すると、水は何 g 生じるか、最も適当なものを一つ選びなさい。
　　　ただし、標準状態における気体のモル体積は、22.4L/mol とし、原子量は、H＝１、 O＝16 とする。

　　1　67.5 g　　　2　135 g　　　3　270 g　　　4　337.5 g

**問 42**　分子式 C$_5$H$_{12}$ で表される炭化水素の構造異性体の種類として、正しいものを一つ選びなさい。

　　1　２種類　　　2　３種類　　　3　４種類　　　4　５種類

**問 43**　コロイド溶液に関する記述の正誤について、正しい組み合わせを一つ選びなさい。

ア　コロイド溶液に側面から強い光を当てると、光が散乱され、光の通路が輝いて見える。これをブラウン運動という。
イ　コロイド溶液では熱運動によって溶媒分子がコロイド粒子に衝突するために、コロイド粒子が不規則な運動をする。これをチンダル現象という。
ウ　疎水コロイドに少量の電解質を加えたとき、沈殿が生じる現象を凝析という。
エ　コロイド溶液に、直流電圧をかけると、陽極または陰極にコロイド粒子が移動する。この現象を電気泳動という。

| | ア | イ | ウ | エ |
|---|---|---|---|---|
| 1 | 正 | 正 | 正 | 誤 |
| 2 | 正 | 誤 | 誤 | 正 |
| 3 | 誤 | 誤 | 正 | 正 |
| 4 | 誤 | 正 | 誤 | 誤 |

**問 44**　化学反応に関する記述の正誤について、正しい組み合わせを一つ選びなさい。

ア　触媒とは、一般に反応の前後において自身が変化し、他の化学反応の速さを変化させる 物質のことをいう。
イ　反応物が活性化状態に達するのに必要な最小のエネルギーのことを活性化エネルギーという。
ウ　一般に、反応物の濃度は、化学反応の速さに影響を与えない。
エ　化学変化の前後で全体の質量は変化しない。

| | ア | イ | ウ | エ |
|---|---|---|---|---|
| 1 | 正 | 誤 | 誤 | 誤 |
| 2 | 正 | 正 | 正 | 正 |
| 3 | 誤 | 誤 | 正 | 誤 |
| 4 | 誤 | 正 | 誤 | 正 |

**問 45 ～問 46**　以下の分離方法の名称として、最も適当なものを下欄の１～４の中からそれぞれ一つ選びなさい。

**問 45**　固体を溶媒に溶かし、溶解度の差を利用して、分離する方法。
**問 46**　固体または液体の混合物に、溶媒を加えて良く振り混ぜ、特定の成分を溶かし出して分離する方法。

【下欄】

| 1　蒸留　　　2　分留　　　3　再結晶　　　4　抽出 |
|---|

**問 47**　以下の物質とその水溶液の液性の組み合わせとして、正しいものを一つ選びなさい。

　　1　塩化ナトリウム　　　－　塩基性　　　　2　硫酸ナトリウム　－　中性
　　3　炭酸水素ナトリウム　－　酸性　　　　　4　炭酸ナトリウム　－　酸性

**問 48**　中和に関する以下の記述のうち、正しいものを一つ選びなさい。

　　1　塩酸 1 mol と過不足なく中和する水酸化カルシウムは 1 mol である。
　　2　硫酸 1 mol と過不足なく中和するアンモニアは 1 mol である。
　　3　酢酸水溶液の、水酸化ナトリウム水溶液による中和滴定では、指示薬としてフェノール フタレインを用いる。
　　4　中和点での pH は常に７である。

問 49 以下の記述のうち、酸化還元反応を表しているものを一つ選びなさい。

1 食品の保冷剤として入れていたドライアイスが、数時間でなくなった。
2 寺の銅葺きの屋根の色が、長い年月の間に青緑色に変化した。
3 酸性土壌の改良剤として消石灰をまく。
4 夏の暑い日に、道路に打ち水をすると涼しくなる。

問 50 以下の記述のうち、誤っているものを一つ選びなさい。

1 一般に、グリセリンと高級脂肪酸からできたエステルを油脂という。
2 油脂に水酸化ナトリウム水溶液を加え、加熱し、けん化するとグリセリンと
セッケンの混合物が得られる。
3 セッケンを水に溶かすと、セッケンの脂肪酸イオンは、疎水性の部分を内側
に、親水性の部分を外側にして、水中に細かく分散する。
4 セッケンは水の表面張力を大きくする性質をもつ。

# 実 地 編

# 中国五県統一版〔島根県、鳥取県、岡山県、広島県、山口県〕〔毒物及び劇物の性質及び貯蔵その他取扱方法〕

【令和元年度実施】

（一般）

問51～問54　以下の物質の性状について、最も適当なものを下欄の1～5の中からそれぞれ一つ選びなさい。

| | |
|---|---|
| 問51　ヒドラジン一水和物 | 問52　無水クロム酸 |
| 問53　モノフルオール酢酸ナトリウム | 問54　ナトリウム |

【下欄】

1　重い白色の粉末で、吸湿性がある。
2　暗赤色の潮解性針状結晶。
3　無色の気体。
4　軽い銀白色の軟らかい固体。
5　無色透明の液体。

問55～問58　以下の物質の性状について、最も適当なものを下欄の1～5の中からそれぞれ一つ選びなさい。

問55　塩化第二銅　　問56　塩素酸ナトリウム　　問57　砒素
問58　ジメチル硫酸

【下欄】

1　二水和物は緑色または青色の潮解性結晶または粉末で、乾燥空気中では風解性である。
2　無色無臭の結晶または顆粒。強い酸化剤で、有機物その他酸化されやすいものと混合すると加熱、摩擦、衝撃により爆発することがある。
3　金属光沢があり空気中で燃やすと青白色の焔をあげて燃える。乾燥した空気中では安定である。
4　揮発性の引火性液体。果実様の芳香がある。アルコール、クロロホルム等と混和する。
5　無色の油状液体。18度以上の水では加水分解が速まる。二硫化炭素に溶けにくい。

問59　以下の物質を含有する製剤と、それらが劇物の指定から除外される濃度に関する組み合わせのうち、正しいものを一つ選びなさい。

1　過酸化ナトリウム　－　5％以下
2　クレゾール　　　　－　10％以下
3　五酸化バナジウム　－　25％以下

問 60 ～問 63　以下の物質の用途について、最も適当なものを下欄の1～5の中から
それぞれ一つ選びなさい。

問 60　酢酸タリウム　　　　問 61　チメロサール
問 62　セレン　　　　　　　問 63　トルイジン

【下欄】

| 1 | 殺菌消毒薬 |
|---|---|
| 2 | ガラスの脱色、釉薬 |
| 3 | 染料、有機合成の製造原料 |
| 4 | 殺鼠剤 |
| 5 | 除草剤 |

問 64 ～問 67　以下の物質の鑑定法について、最も適当なものを下欄の1～5の中か
らそれぞれ一つ選びなさい。

問 64　過酸化水素　　問 65　クロロホルム　　問 66　蓚酸　　問 67　硝酸

【下欄】

1　レゾルシン及び33％の水酸化カリウム溶液と熱すると黄赤色を呈し、緑色の
　蛍石彩を放つ。
2　銅屑を加えて熱すると、藍色を呈して溶け、その際赤褐色の蒸気を発生する。
3　水溶液をアンモニア水で弱アルカリ性にして塩化カルシウムを加えると、白
　色の沈殿を生じる。
4　蠟を塗ったガラス板に針で任意の模様を描いたものに、当該物質を塗ると、蠟
　をかぶらない模様の部分は腐食される。
5　過マンガン酸カリウムを還元し、クロム酸塩を過クロム酸塩に変える。また
　ヨード亜鉛からヨードを析出する。

問 68　以下の物質とその廃棄方法に関する組み合わせのうち、誤っているものを一つ
選びなさい。

1　臭素　　　　　　　　－　アルカリ法
2　五塩化アンチモン　－　焙焼法
3　ナトリウム　　　　－　燃焼法

問 69　以下の物質とその廃棄方法に関する組み合わせのうち、誤っているものを一つ
選びなさい。

1　亜塩素酸ナトリウム　－　還元法
2　N－エチルアニリン　－　燃焼法
3　キシレン　　　　　　－　中和法

問 70　以下の物質とその貯蔵方法に関する組み合わせのうち、正しいものを一つ選び
なさい。

1　五塩化燐　－　腐食性が強いので密栓して貯蔵する。
2　黄燐　　　－　少量ならば褐色ガラス瓶、大量ならばカーボイ等を使用し、3
　　　　　　　　分の1の空間を保って貯蔵する。
3　ロテノン　－　水中に沈めて瓶に入れ、さらに砂を入れた缶中に固定して、冷
　　　　　　　　暗所に貯蔵する。

問 71　以下の物質とその貯蔵方法に関する組み合わせのうち、誤っているものを一つ
　　　　選びなさい。
　　　1　沃素　　　　　　　－　亜鉛または錫メッキをした鋼鉄製容器で、高温に接しない
　　　　　　　　　　　　　　　　　場所に保管する。
　　　2　カリウム　　　　　－　空気中にそのまま貯蔵することはできないので、通常、石
　　　　　　　　　　　　　　　　　油中に貯蔵する。
　　　3　水酸化カリウム　－　二酸化炭素と水を強く吸収するため、密栓をして貯蔵する。

問 72 ～問 75　以下の物質が漏えいまたは飛散した場合の応急措置について、最も適
　　　　当なものを下欄の 1 ～ 5 の中からそれぞれ一つ選びなさい。
　　　問 72　Ｓ－メチル－Ｎ－〔(メチルカルバモイル)－オキシ〕－チオアセトイミデー
　　　　　ト（別名　メトミル）
　　　問 73　砒酸
　　　問 74　燐化アルミニウムとその分解促進剤とを含有する製剤
　　　問 75　クロルピクリン

【下欄】

| | |
|---|---|
| 1 | 空容器にできるだけ回収し、そのあとを希硫酸を用いて処理し、多量の水を用いて洗い流す。 |
| 2 | 飛散したものは空容器にできるだけ回収し、そのあとを硫酸第二鉄等の水溶液を散布し、消石灰、ソーダ灰等の水溶液を用いて処理し、多量の水を用いて洗い流す。 |
| 3 | 飛散したものの表面を速やかに土砂等で覆い、密閉可能な空容器に回収して密閉する。 |
| 4 | 少量漏えいした場合の液は布で拭きとるか、またはそのまま風にさらして蒸発させる。 |
| 5 | 飛散したものは空容器にできるだけ回収し、そのあとを消石灰等の水溶液を用いて処理し、多量の水を用いて洗い流す。 |

問 76 ～問 79　以下の物質の毒性について、最も適当なものを下欄の 1 ～ 5 の中から
　　　　それぞれ一つ選びなさい。
　　　問 76　ブロムエチル　　　　　　問 77　水酸化鉛
　　　問 78　水素化アンチモン　　　　問 79　シアン化ナトリウム

【下欄】

| | |
|---|---|
| 1 | 主にミトコンドリアの呼吸酵素の阻害作用が誘発されるため、エネルギー消費の多い中枢神経に影響が現れる。 |
| 2 | ヘモグロビンと結合して急激な赤血球の低下を導き、強い溶血作用が現れ、また、肺水腫を引き起こしたり、肝臓、腎臓にも影響を与える。 |
| 3 | 頭痛、眼及び鼻孔の刺激、呼吸困難等として現れ、皮膚につくと水疱を生じる。 |
| 4 | はじめ不快な吐き気をもよおし、疲労を覚え、顔面蒼白となる。典型的なものは胸部圧迫感、肋骨の強痛である。 |
| 5 | 中毒は慢性疾患であり、急性中毒は高濃度の短時間暴露により生じるものでまれである。初期症状としては、酸素欠乏、消化不良がみられ、遅脈、平滑筋の急激な収縮により血圧が上昇する。 |

問 80　以下の物質と中毒時の主な措置に関する組み合わせのうち、誤っているものを一つ選びなさい。

1　スルホナール　　　　　　　　　　　　　── 　フェノバルビタールの投与
2　ジメチル－４－メチルメルカプト－　　──　 ２－ピリジルアルドキシムメチ
　　３－メチルフエニルチオホスフエイ　　　　 オダイド（別名　PAM）製剤及び
　　ト（別名　フェンチオン、MPP）　　　　　 硫酸アトロピン製剤の投与
3　亜ヒ酸ナトリウム　　　　　　　　　　── 　ジメルカプロール（BAL）の投与


# （農業用品目）

問 51　以下の物質を含有する製剤と、それらが劇物の指定から除外されるものに関する組み合わせのうち、正しいものを一つ選びなさい。

1　アンモニア水　－　15 ％以下を含有するもの
2　シアナミド　　－　10 ％以下を含有するもの
3　燐化亜鉛　　　－　10 ％以下を含有し、黒色に着色され、かつ、トウガラシエ
　　　　　　　　　　　キスを用いて著しくからく着味されているもの

問 52　以下の物質とその性状に関する組み合わせのうち、誤っているものを一つ選びなさい。

1　シアン化水素　　　　　　　　　　──　無色の液体で、純粋なものは青酸臭（焦げ
　　　　　　　　　　　　　　　　　　　　　たアーモンド臭）を帯び、水、アルコール
　　　　　　　　　　　　　　　　　　　　　によく混和する。
2　２，２’－ジピリジリウム－　　　──　一水和物は淡黄色の結晶。水に可溶で、
　　１，１’－エチレンジブロミ　　　　　　中性、酸性下で安定。アルカリ性で不安
　　ド（別名　ジクワット）　　　　　　　　定。
3　１，３－ジカルバモイルチオ　　　──　橙色の重い粉末で、吸湿性があり、から
　　－２－(N, N －ジメチルア　　　　　　い味と酢酸の臭いを有する。
　　ミノ)－プロパン塩酸塩
　　（別名　カルタップ）

問 53 ～問 56　以下の物質の性状について、最も適当なものを下欄の１～５の中からそれぞれ一つ選びなさい。

問 53　ニコチン　　問 54　硫酸第二銅　　問 55　燐化亜鉛　　問 56　塩素酸カリウム

【下欄】
1　無色、無臭の油状液体であるが、空気中では速やかに褐変する。
2　五水和物は、濃い藍色の結晶で、風解性がある。結晶水を失うと白色の粉末となる。
3　暗赤色もしくは暗灰色の結晶または粉末であり、希塩酸と反応してホスフィンを発生する。
4　無色の光沢のある結晶または白色の顆粒か粉末。酸化されやすいものと混合して、摩擦すると爆発する。
5　純品は無色の油状体。催涙性、強い粘膜刺激臭を有する。180 度以上に熱すると分解するが、引火性はない。

問 57 ～問 60　以下の物質の用途について、最も適当なものを下欄の1～5の中から
それぞれ一つ選びなさい。

　　問 57　2－クロルエチルトリメチルアンモニウムクロリド(別名　クロルメコート)
　　問 58　硫酸タリウム
　　問 59　S，S－ビス(1－メチルプロピル)＝O－エチル＝ホスホロジチオアート
　　　　　　(別名　カズサホス)
　　問 60　シアン酸ナトリウム

【下欄】

| 1　殺線虫 | 2　殺鼠剤 | 3　植物成長調整剤 |
|---|---|---|
| 4　除草剤 | 5　殺菌剤 | |

問 61　以下の物質とその用途に関する組み合わせのうち、正しいものを一つ選びなさい。

　　1　エマメクチン安息香酸塩　　　　　　　　　　　　　　－　殺虫剤
　　2　ブラストサイジンS　　　　　　　　　　　　　　　　－　除草剤
　　3　ジメチル－4－メチルメルカプト－3－メチルフエニル　－　殺鼠剤
　　　　チオホスフエイト(別名　フェンチオン、MPP)

問 62 ～問 65　以下の物質の鑑定法について、最も適当なものを下欄の1～5の中から
それぞれ一つ選びなさい。

　　問 62　硫酸亜鉛　　　問 63　塩素酸カリウム　　　問 64　硫酸
　　問 65　クロルピクリン

【下欄】

1　水で薄めると発熱し、ショ糖、木片などに触れると、それらを炭化・黒変させ
る。希釈水溶液に塩化バリウムを加えると、白色の沈殿を生じるが、この沈殿
は塩酸や硝酸に不溶である。
2　暗室内で酒石酸または硫酸酸性で水蒸気蒸留を行う際、冷却器あるいは流出
管の内部に青白色の光を認める。
3　水に溶かして硫化水素を通じると、白色の沈殿を生じる。また、水に溶かして
塩化バリウムを加えると白色の沈殿を生じる。
4　熱すると酸素を発生する。水溶液に酒石酸を多量に加えると、白色の結晶を
生じる。
5　水溶液に金属カルシウムを加え、これにベタナフチルアミン及び硫酸を加え
ると、赤色の沈殿を生じる。

問 66　以下の物質とその廃棄方法に関する組み合わせのうち、誤っているものを一つ
選びなさい。

　　1　硫酸第二銅　　　　　　　　　　　　　　　　　　　－　焙焼法
　　2　2，2’－ジピリジリウム－1，1’－エチレン　　　　－　燃焼法
　　　　ジブロミド(別名　ジクワット)
　　3　燐化アルミニウムとその分解促進剤とを含有する製剤　－　還元沈殿法

- 13 -

問 67 ～問 70　以下の物質の廃棄方法について、最も適当なものを下欄の１～５の中
　　　　からそれぞれ一つ選びなさい。

　　問 67　硫酸　　　問 68　塩化亜鉛　　　問 69　アンモニア水
　　問 70　ジメチルジチオホスホリルフエニル酢酸エチル（別名　フェントエート、PAP）

【下欄】

　1　水で希薄な水溶液とし、希塩酸、希硫酸等で中和させた後、多量の水で希釈
　　して処理する。
　2　徐々に石灰乳などの撹拌溶液に加え中和させた後、多量の水で希釈して処理
　　する。
　3　おが屑等に吸収させてアフターバーナー及びスクラバーを備えた焼却炉で焼
　　却する。
　4　水に溶かし、水酸化カルシウム等の水溶液を加えて処理し、沈殿濾過して埋
　　立処分する。
　5　多量の水酸化ナトリウム水溶液に吹き込んだのち、高温加圧下で加水分解する。

問 71　以下の物質とその貯蔵方法に関する組み合わせのうち、誤っているものを一つ
　　　選びなさい。

　　1　ブロムメチル　　　　　－　　圧縮冷却して液化し、圧縮容器に入れて冷暗所
　　　　　　　　　　　　　　　　　　に貯蔵する。
　　2　ロテノン　　　　　　　－　　水中に沈めて瓶に入れ、さらに砂を入れた缶中
　　　　　　　　　　　　　　　　　　に固定して、冷暗所に貯蔵する。酸類とは離し
　　3　シアン化ナトリウム　　－　　て、風通しのよい乾燥した冷所に密封して貯蔵
　　　　　　　　　　　　　　　　　　する。

問 72 ～問 75　以下の物質について、それらが漏えいまたは飛散したときの措置とし
　　　　て、最も適当なものを下欄の１～５の中からそれぞれ一つ選びなさい。

　　問 72　硫酸亜鉛　　　問 73　液化アンモニア　　　問 74　シアン化水素
　　問 75　ブロムメチル

【下欄】

　1　飛散したものはできるだけ回収し、そのあとを消石灰等の水溶液を用いて処理
　　し、多量の水を用いて洗い流す。
　2　漏えいしたボンベ等を多量の水酸化ナトリウム水溶液に容器ごと投入してガス
　　を吸収させ、さらに次亜塩素酸ナトリウム等の酸化剤の水溶液で酸化処理を行
　　い、多量の水を用いて洗い流す。
　3　漏えい箇所を濡れむしろ等で覆い、遠くから霧状の水をかけ吸収させる。高
　　濃度の廃液が河川等に排出されないよう注意する。
　4　速やかに土砂または多量の水で覆い、水を満たした空容器に回収する。
　5　少量に漏えいした液は、速やかに蒸発するので周辺に近づかないようにする。
　　多量に漏えいした液は、土砂等でその流れを止め、液が広がらないようにして
　　蒸発させる。

問76 以下の物質と中毒時の主な措置に関する組み合わせのうち、誤っているものを一つ選びなさい。

1　ジメチルー２，２ージクロル　　ー　２ーピリジルアルドキシムメチオダイド
　　ビニルホスフエイト　　　　　　　　（別名　PAM）製剤及び硫酸アトロピン製
　　（別名　ジクロルボス、DDVP）　　剤の投与
2　硫酸タリウム　　　　　　　　ー　亜硝酸ナトリウム、チオ硫酸ナトリウム
　　　　　　　　　　　　　　　　　　　の投与
3　塩化第一銅　　　　　　　　　ー　ペニシラミン、ジメルカプロール（BAL）
　　　　　　　　　　　　　　　　　　　あるいはエデト酸カルシウムニナトリウ
　　　　　　　　　　　　　　　　　　　ムの投与

問77 ～問80 以下の物質の毒性について、最も適当なものを下欄の１～５の中からそれぞれ一つ選びなさい。

問77　ニコチン　　　　　問78　クロルピクリン

問79　モノフルオール酢酸ナトリウム　　　　問80　弗化スルフリル

【下欄】

1　血液に入ってメトヘモグロビンを作り、中枢神経や心臓、眼結膜をおかし、肺にも相当強い障害を与える。
2　人体に対する経口致死量が、成人１人に対して、0.06 gといわれており、猛烈な神経毒である。
3　大量に接触すると結膜炎、咽頭炎、鼻炎、知覚異常を引き起こし、直接接触すると凍傷にかかることがある。
4　主な中毒症状は、振戦、呼吸困難である。肝臓に核の膨大及び変性を認め、腎臓には糸球体、細尿管のうっ血、脾臓には脾炎が認められる。また、眼に対する刺激が特に強い。
5　哺乳動物ならびに人間には強い毒作用を呈するが、皮膚を刺激したり、皮膚から吸収されることはない。主な中毒症状は、激しい嘔吐、胃の疼痛、意識混濁、てんかん性痙攣、脈拍の緩徐、チアノーゼ、血圧下降である。

# （特定品目）

問51 ～問54 以下の物質の性状について、最も適当なものを下欄の１～５の中からそれぞれ一つ選びなさい。

問51　アンモニア　　　　問52　酢酸エチル　　　　問53　一酸化鉛　　　　問54　蓚酸

【下欄】

1　常温においては窒息性臭気をもつ黄緑色の気体である。冷却すると黄色溶液を経て黄白色固体となる。
2　一般的に流通しているのは二水和物の無色の結晶で、これを加熱すると昇華する。
3　無色透明の液体で果実様の芳香がある。蒸気は空気より重く、引火性がある。
4　重い粉末で黄色から赤色までのものがある。水に不溶。酸、アルカリにはよく溶ける。
5　特有の刺激臭がある無色の気体で、圧縮することによって、常温でも簡単に液化する。

問 55 ～問 58  以下の物質の性状について、最も適当なものを下欄の 1 ～ 5 の中から
それぞれ一つ選びなさい。

  問 55  塩酸    問 56  クロム酸ストロンチウム    問 57  水酸化カリウム
  問 58  メチルエチルケトン

【下欄】

| | |
|---|---|
| 1 | 淡黄色の粉末で、冷水に難溶。酸、アルカリに可溶。 |
| 2 | 無色の液体でアセトン様の芳香があり、引火しやすい。 |
| 3 | 無色透明の液体で、25 ％以上のものは湿った空気中で発煙し、刺激臭がある。 |
| 4 | 橙赤色の柱状結晶。水に溶けやすく、アルコールには溶けない。 |
| 5 | 白色の固体で、水やアルコールには熱を発して溶ける。 |

問 59  以下の物質を含有する製剤と、それらが劇物の指定から除外される濃度に関す
る組み合わせのうち、正しいものを一つ選びなさい。

  1  クロム酸カリウム    －    0.1 ％以下
  2  ホルムアルデヒド    －    10 ％以下
  3  水酸化カリウム    －    5 ％以下

問 60  以下の物質を含有する製剤と、それらが劇物の指定から除外される濃度に関す
る組み合わせのうち、誤っているものを一つ選びなさい。

  1  硝酸    －    10 ％以下    2  過酸化水素    －    10 ％以下
  3  アンモニア    －    10 ％以下

問 61 ～問 64  以下の物質の用途について、最も適当なものを下欄の 1 ～ 5 の中から
それぞれ一つ選びなさい。

  問 61  水酸化ナトリウム    問 62  硫酸    問 63  過酸化水素水
  問 64  ホルマリン

【下欄】

| | |
|---|---|
| 1 | 工業用として、フィルムの硬化、人造樹脂、色素合成などの製造に用いられるほか、試薬として使用される。 |
| 2 | 化学工業用として、せっけん製造、パルプ工業、染料工業、レーヨン工業、諸種の合成 化学などに使用されるほか、試薬、農薬にも用いられる。 |
| 3 | ゴムの加硫促進剤、顔料、試薬として用いられる。 |
| 4 | 肥料や各種化学薬品の製造、石油の精製、冶金、塗料、顔料などの製造に用いられ、また、乾燥剤あるいは試薬として用いられる。 |
| 5 | 工業上貴重な漂白剤として獣毛、羽毛、綿糸、絹糸、骨質、象牙などを漂白することに応用される。そのほか織物、油絵などの洗浄に使用される。 |

問 65 ～問 68  以下の物質の鑑定法について、最も適当なものを下欄の 1 ～ 5 の中か
らそれぞれ一つ選びなさい。

  問 65  四塩化炭素    問 66  蓚酸    問 67  酸化第二水銀    問 68  硫酸

【下欄】

| | |
|---|---|
| 1 | 小さな試験管に入れて熱すると、黒色に変わり、後に分解し、残ったものをなお熱すると、完全に揮散する。 |
| 2 | 水で薄めると発熱し、ショ糖、木片などに触れると、それらを炭化・黒変させる。希釈水溶液に塩化バリウムを加えると、白色の沈殿を生じるが、この沈殿は塩酸や硝酸に不溶である。 |
| 3 | アルコール溶液に水酸化カリウム溶液と少量のアニリンを加えて熱すると、不快な刺激臭を放つ。 |
| 4 | アルコール性の水酸化カリウムと銅粉とともに煮沸すると、黄赤色の沈殿を生じる。 |
| 5 | 水溶液をアンモニア水で弱アルカリ性にして塩化カルシウムを加えると、白色の沈殿を生じる。 |

問 69　以下の物質とその廃棄方法に関する組み合わせのうち、誤っているものを一つ選びなさい。
　　1　アンモニア水　　－　　中和法
　　2　クロロホルム　　－　　燃焼法
　　3　硝酸　　　　　　－　　酸化法

問 70　以下の物質とその廃棄方法に関する組み合わせのうち、誤っているものを一つ選びなさい。
　　1　硅弗化ナトリウム　　－　　分解沈殿法
　　2　酢酸エチル　　　　　－　　アルカリ法
　　3　塩素　　　　　　　　－　　還元法

問 71　過酸化水素の貯蔵方法に関する記述のうち、最も適当なものを一つ選びなさい。
　　1　少量ならば褐色ガラス瓶、大量ならばカーボイ等を使用し、3分の1の空間を保って貯蔵する。
　　2　亜鉛または錫メッキをした鋼鉄製容器で、高温に接しない場所に保管する。
　　3　純品は空気と日光によって変質するので、少量のアルコールを加えて分解を防止する。

問 72 ～問 75　以下の物質が漏えいまたは飛散した場合の応急措置について、最も適当なものを下欄の1～5の中からそれぞれ一つ選びなさい。
　　問 72　重クロム酸カリウム　　　問 73　クロロホルム　　　問 74　トルエン
　　問 75　水酸化ナトリウム水溶液

【下欄】

1　少量の場合、漏えいした液は多量の水で十分に希釈して洗い流す。
2　多量の場合、漏えいした液は土砂等でその流れを止め、これに吸着させるか、または安全な場所に導いて遠くから徐々に注水してある程度希釈した後、水酸化カルシウム、炭酸ナトリウム等で中和し、多量の水で洗い流す。発生するガスは霧状の水をかけ吸収させる。
3　空容器にできるだけ回収し、そのあとを硫酸第一鉄等の還元剤の水溶液を散布し、水酸化カルシウム、炭酸ナトリウム等の水溶液で処理した後、多量の水で洗い流す。
4　空容器にできるだけ回収し、そのあとを中性洗剤等の分散剤を使用して多量の水で洗い流す。
5　付近の着火源となるものを速やかに取り除き、少量の場合、漏えいした液は土砂等に吸着させて空容器に回収する。

問 76 〜問 79　以下の物質の毒性について、最も適当なものを下欄の1〜5の中から
それぞれ一つ選びなさい。

問 76　トルエン　　　問 77　メタノール　　　問 78　重クロム酸カリウム
問 79　四塩化炭素

【下欄】

1　粘膜や皮膚の刺激性が大きい。慢性中毒としては、接触性皮膚炎、穿孔性潰
瘍(特に鼻中隔穿孔)等がみられる。
2　頭痛、めまい、嘔吐、下痢などを起こし、視神経がおかされて、眼がかすみ、
失明することがある。
3　触れると、激しいやけどを起こす。
4　蒸気の吸入により頭痛、食欲不振等がみられる。大量の場合、緩和な大赤血
球性貧血をきたす。
5　はじめ頭痛、悪心などをきたし、黄疸のように角膜が黄色となり、しだいに
尿毒症様を呈する。

問 80　以下の物質と中毒時の主な措置に関する組み合わせのうち、誤っているものを
一つ選びなさい。

1　ホルムアルデヒド　　　　　　　　　ー　2ーピリジルアルドキシムメチオダイド
(別名　PAM)製剤及び硫酸アトロピン製
剤を投与する。
2　蓚酸　　　　　　　　　　　　　　ー　大量摂取時には牛乳や水を飲ませて吐か
せる。
3　酸化第二水銀　　　　　　　　　　ー　ジメルカプロール(BAL)を投与する。

- 18 -

# 解答・解説編
## 〔筆記〕
### 〔法規、基礎化学〕

# 中国五県統一版〔島根県、鳥取県、岡山県、広島県、山口県〕

# 〔法規編〕

## （一般・農業用品目・特定品目共通）

問1　4
　〔解説〕
　　　解答のとおり。
問2　2
　〔解説〕
　　　この設問の特定毒物については法第3条の2に示されている。この設問で誤り
　は、イのみ。イにおける特定毒物を所持できる者は、①毒物劇物営業者〔毒物又
　は劇物製造業者、輸入業者、販売業者〕、②特定毒物研究者、③特定毒物使用者（施
　行令で定められている用途のみ所持）である。
問3　1
　〔解説〕
　　　解答のとおり。
問4　1
　〔解説〕
　　　この設問は法第3条の4で正当な理由を除いて所持しはならない品目とは→施
　行令第32条の3で、①亜塩素酸ナトリウム及びこれを含有する製剤30％以上、
　②塩素酸塩類及びこれを含有する製剤35％以上、③ナトリウム、④ピクリン酸で
　ある。このことからこの設問では、1のピクリン酸が該当する。
問5　3
　〔解説〕
　　　この設問で正しいのは、アとエである。アは法第3条第3項ただし書のこと。
　エは法第4条の3第1項のこと。ちなみに、イの毒物又は劇物の廃棄については、
　法第15条の2→施行令第40条における廃棄方法の基準を遵守すればよい。この
　設問のような届け出を要しない。このことは毒物及び劇物取締法上のことであっ
　て他の法律において届け出を要するものがあるので注意をしなければならない。
　ウについては法第5条で、取消の日から起算して2年を経過していない者につい
　ては、法第4条の登録はできないのであって、この設問の場合は、3年を経過し
　てとあるので誤り。
問6～9　　　問6　2　問7　1　　　問8　1　問9　1
　〔解説〕
　　　この設問は施行規則第4条の4第1項における毒物又は劇物の製造所の設備ぎ
　ゅんについてで、問6のみが誤り、問6の毒物又は劇物を陳列する場所には、か
　ぎをかける設備があることで、この設問にあるようなただし書のについてはない。
問10～問15　問10　1　問11　2　問12　2　問13　2　問14　1
　　　　　　　問15　1
　〔解説〕
　　　この設問は法第7条及び法第8条における毒物劇物取扱責任者についてのこと。
　ちなみに、問10は設問のとおり。法第8条第2項第一号に示されている。問11
　は、法第8条第1項における毒物劇物取扱責任者の資格者とは、①薬剤師、②厚
　生労働省令で定める学校で、応用化学に関する学課を修了した者、③都道府県知
　事が行う毒物劇物取扱者試験に合格した者である。このことから設問にあるよう
　な従事した経験は要しない。問12のような伝票操作等の取引の場合は、毒物劇物
　取扱責任者を置く必要はない。問13については、法第7条第1項のこと。法第22
　条第1項における業務上取扱者として届出を要するので、毒物劇物取扱責任者を
　置かなければならない。問14は設問のとおり。法第8条第4項のこと。問15は
　設問のとおり。法第7条第3項に示されている。

問 16　4
〔解説〕
　　この設問は法第 10 条の届出のことで、ウのみが正しい。ウは法第 10 条第 1 項第一号のこと。ちなみに、アにおける毒物又は劇物の品名及び数量については、届け出を要しない。イは、事前にではなく、30 日以内に届け出をしなければならない。エの法人の代表取締役の変更については、何ら届け出を要しない。

問 17　2
〔解説〕
　　この設問は法第 12 条第 1 項の毒物又は劇物の容器及び被包に表示しなければならないこと。解答のとおり。

問 18　3
〔解説〕
　　この設問は着色する農業用品目のことで、法第 13 条→施行令第 39 条で、①硫酸タリウムを含有する製剤たる劇物、②燐化亜鉛を含有する製剤たる劇物については、→施行規則第 12 条において、あせにくい黒色に着色をしなければ販売し、又は授与することはできない。このことから正しいのは、3 である。

問 19　2
〔解説〕
　　この設問は法第 14 条における譲渡手続きのこと。解答のとおり。

問 20　2
〔解説〕
　　この設問は法第 15 条第 1 項は毒物又は劇物の交付の不適格者のこと。解答のとおり。

問 21 ～ 23　　問 21　2　　　問 22　1　　　問 23　3
〔解説〕
　　この設問は毒物又は劇物の廃棄方法における基準のこと。

問 24　2
〔解説〕
　　法第 16 条の 2 第 2 項とは盗難紛失の措置のこと。なお、同法については、第 8 次地域一括法（平成 30 年 6 月 27 日法律第 63 号。）→施行は令和 2 月 4 月 1 日より法第 16 条の 2 は、法第 17 条となった。

問 25　1
〔解説〕
　　この設問は毒物又は劇物を車両を使用して 95 ％硫酸を 1 回につき 5,000kg ↑運搬するときの運搬方法については、施行令第 40 条の 5 で示されている。アは設問のとおり。施行規則第 13 条の 4 第二号のこと。ちなみに、イは 0.3 メートル平方の板に黒色、文字を白色として「毒」と表示した標識を車両の前後見やすい箇所にかかげなければならないである。施行規則第 13 条 5 のこと。ウの保護具については施行令第 40 条の 5 第 2 項第 3 号で、2 人分以上備えなければならないである。

# 中国五県統一版〔島根県、鳥取県、岡山県、広島県、山口県〕

## 〔基礎化学編〕

### （一般・農業用品目・特定品目共通）

問 26 ～問 33　問 26　2　問 27　1　問 28　1　問 29　2　問 30　2　問 31　1
　　　　　　　問 32　1　問 33　1

〔解説〕
　　　問 26　　エチレンから水素一つ取り除いた炭化水素基をビニル基という。
　　　問 27　　問 28　　解答のとおり
　　　問 29　　カルボキシル基とアミノ基の脱水縮合によってアミド結合を生じる。
　　　問 30　　硫黄は水に溶解しない。　　問 31　　問 32　　問 33　　解答のとおり

問 34 ～問 38　問 34　2　問 35　3　　問 36　1　　問 37　2　　問 38　3

〔解説〕
　　　解答のとおり

問 39　3

〔解説〕
　　　30%水酸化ナトリウム水溶液 200 g に含まれる溶質の重さは、$200 \times 0.3 = 60$ g。
　　加える水の重さを w とすると求める式は、$60/(200 + w) \times 100 = 10$, $w = 400$ g

問 40　2

〔解説〕
　　　0.04 mol/L 酢酸水溶液の電離度が 0.025 であるから、この時の水素イオン濃度
　　[H+]は　$0.04 \times 0.025 = 1.0 \times 10^{-3}$ mol/L である。よって pH は 3 となる。

問 41　2

〔解説〕
　　　168 L の　水素のモル数は $168/22.4 = 7.5$ mol　反応式より水素 2 モルあれば
　　水が 2 モル生じるから、7.5 モルの水素では $7.5 \times 18 = 135$ g の水が生じる。

問 42　2

〔解説〕
　　　ペンタン、2-メチルブタン、2,2-ジメチルプロパンの 3 種類である。

問 43　3

〔解説〕
　　　アの記述がチンダル現象、イの記述がブラウン運動である。

問 44　4

〔解説〕
　　　触媒は自らは変化しないが反応速度に影響を与える物質である。また化学反応
　　は分子の接触確率が高いほど進行しやすいので濃度が濃いほうが反応が早い。

問 45　3

〔解説〕
　　　解答のとおり

問 46　4
　〔解説〕
　　　解答のとおり
問 47　2
　〔解説〕
　　　塩化ナトリウムと硫酸ナトリウムは中性、炭酸水素ナトリウムと炭酸ナトリウ
　　ムは塩基性を示す。
問 48　3
　〔解説〕
　　　塩酸 1 モルと水酸化カルシウム 0.5 モルで中和、硫酸 1 モルとアンモニア 2 モ
　　ルで中和する。
問 49　2
　〔解説〕
　　　1，4 は物理変化。3 は中和である。
問 50　4
　〔解説〕
　　　石鹸は水の表面張力を下げる界面活性剤である。

# 解答・解説編
# 〔実地〕

# 中国五県共通版〔島根県、鳥取県、岡山県、広島県、山口県〕

## 〔取扱・実地 編〕

## 〔性質及び貯蔵その他取扱方法〕

### 【令和元年度実施】

（一般）

問51～問54　問51　5　　問52　2　　問53　1　　問54　4

〔解説〕

　　問51　ヒドラジン $NH_2NH_2$ は、毒物。無色透明の液体であり、空気中で発煙する。蒸気は空気より重く、引火しやすい。　　問52　無水クロム酸 $CrO_3$ は劇物。暗赤色針状結晶。潮解性がある。水によく溶ける。きわめて強い酸化剤である。　　問53　モノフルオール酢酸ナトリウム $FCH_2COONa$ は重い白色粉末、吸湿性、冷水に易溶、水、メタノールやエタノールに可溶。　　問54　ナトリウム $Na$ は、銀白色の柔らかい固体。水と激しく反応し、水酸化ナトリウムと水素を発生する。

問55～問58　問55　1　　問56　2　　問57　3　　問58　5

〔解説〕

　　問55　塩化第二銅 $CuCl_2 \cdot 2H_2O$ は劇物。無水物のほか二水和物が知られている。二水和物は緑色結晶で潮解性がある。110 ℃で無水物（褐黄色）となる。水、エタノール、メタノール、アセトンに可溶。　　問56　塩素酸ナトリウム $NaClO_3$ は、劇物。無色無臭結晶で潮解性をもつ。酸化剤、水に易溶。有機物や還元剤との混合物は加熱、摩擦、衝撃などにより爆発することがある。酸性では有害な二酸化塩素を発生する。また、強酸と作用して二酸化炭素を放出する。　　問57　砒素 $As$ は、毒物。同素体のうち灰色ヒ素が安定、金属光沢があり、空気中で燃やすと青白色の炎を出して $As_2O_3$ を生じる。水に不溶。　　問58　ジメチル硫酸（別名硫酸ジメチル、硫酸メチル）は劇物。無色、油状の液体。刺激臭はない。水には不溶。水にと接触すれば、徐々に加水分解する。

問59　1

〔解説〕

　　1の過酸化ナトリウムが正しい。なお、2のクレゾールは5％以下は劇物から除外。3の五酸化バナジウム10％以下は劇物から除外。

問60～問63　問60　4　　問61　1　　問62　2　　問63　3

〔解説〕

　　問60　酢酸タリウム $CH_3COOTl$ は劇物。無色の結晶。用途は殺鼠剤。　　問61　チメロサールは、白色～淡黄色結晶性粉末。用途は殺菌消毒薬。　　問62　セレン $Se$ は毒物。灰色の金属光沢を有するペレット又は黒色の粉末。用途はガラスの脱色、釉薬、整流器。　　問63　トルイジンは、劇物。オルトトルイジンは無色の液体で、空気と光に触れて淡黄色の液体に変化。用途は染料、有機合成原料。

問64～問67　問64　5　　問65　1　　問66　3　　問67　2

〔解説〕

　　問64　過酸化水素 $H_2O_2$ は、無色無臭で粘性の少し高い液体。徐々に水と酸素に分解（光、金属により加速）する。安定剤として酸を加える。ヨード亜鉛からヨウ素を析出する。　　問65　クロロホルムの確認反応：1）$CHCl_3$＋レゾルシン（ベタナフトール）＋ KOH →黄赤色、緑色の蛍光彩。2）$CHCl_3$＋アニリン＋アルカリ→フェニルイソニトリル $C_6H_5NC$ 不快臭。　　問66　蓚酸は無色の結晶で、水溶液を酢酸で弱酸性にして酢酸カルシウムを加えると、結晶性の沈殿を生ずる。また、水溶液は過マンガン酸カリウム溶液を退色する。　　問67　硝酸 $HNO_3$ は純品なものは無色透明で、徐々に淡黄色に変化する。特有の臭気があり腐食性が高い。うすめた水溶液に銅屑を加えて熱すると、藍色を呈して溶け、その際赤褐色の蒸気を発生する。藍（青）色を呈して溶ける。

問68　　2
〔解説〕
　　この設問の廃棄方法で誤っているものはどれかとあるので、2の五塩化アンチモンが該当する。次のとおり。五塩化アンチモン $SbCl_5$ は劇物。淡黄色液体。加熱すると分解して塩素ガスを発生して、塩化アンチモン（Ⅲ）になる。塩酸、クロロホルムに可溶。廃棄法：多量の水に溶かし、硫化ナトリウム水溶液を加えて沈殿させ、ろ過して埋立処分する<u>沈殿法</u>。
問69　　3
〔解説〕
　　この設問の廃棄方法で誤っているものはどれかとるので、3のキシレンが該当する。次のとおり。キシレン $C_6H_4(CH_3)_2$ は、C、H のみからなる炭化水素で揮発性なので珪藻土に吸着後、焼却炉で焼却する<u>燃焼法</u>。
問70　　1
〔解説〕
　　この設問の貯蔵方法で正しいものはどれかとるので、1の五塩化燐が正しい。ちなみに、2の黄燐は無色又は白色の蝋様の固体。毒物。別名を白リン。暗所で空気に触れるとリン光を放つ。水、有機溶媒に溶けないが、二硫化炭素には易溶。湿った空気中で発火する。空気に触れると発火しやすいので、水中に沈めてビンに入れ、さらに砂を入れた缶の中に固定し冷暗所で貯蔵する。ロテノンを含有する製剤は空気中の酸素により有効成分が分解して殺虫効力を失い、日光によって酸化が著しく進行することから、密栓及び遮光して貯蔵する。
問71　　1
〔解説〕
　　この設問の貯蔵方法で誤っているものはどれかとあるので、1の沃素が該当する。沃素 $I_2$ は：黒褐色金属光沢ある稜板状結晶、昇華性。気密容器を用い、風通しのよい冷所に貯蔵する。腐食されやすい金属なので、濃塩酸、アンモニア水、アンモニアガス、テレビン油等から引き離しておく。
問72～問75　問72　5　　　問73　2　　　問74　3　　　問75　4
〔解説〕
　　解答のとおり。
問76～問79　問76　3　　　問77　5　　　問78　2　　　問79　1
〔解説〕
　　解答のとおり。
問80　　1
〔解説〕
　　1のスルホナールが誤り。次のとおり。スルホナールは劇物。無色、稜柱状の結晶性粉末。臭気はない。味もない。水、アルコール、エーテルに溶けにくい。嘔吐、めまい、胃腸障害、腹痛、下痢又は便秘をおこす。運動失調、麻痺、腎臓炎、尿量減退、ポルフィリン尿（尿が赤色を呈する。）として現れる。解毒剤は、重炭酸ソーダまたはマグネシア、酢酸カリ液などのアルカリ剤を使用。

# （農業用品目）
問51　　2
〔解説〕
　　2のシアナミドが正しい。ちなみに、アンモニア水は 10％以下で劇物から除外。燐化亜鉛を含有する製剤は劇物。ただし、1％以下を含有し、黒色に着色され、かつ、トウガラシエキスを用いて著しくからく着味されていものが劇物から除外。
問52　　3
〔解説〕
　　この設問の性状で誤っているものはどれかとあるので、3のカルタップが該当する。次のとおり。カルタップは、:劇物。：2％以下は劇物から除外。無色の結晶。融点 179 ～ 181 ℃。水、メタノールに溶ける。ベンゼン、アセトン、エーテルには溶けない。
問53～問56　問53　1　　　問54　2　　　問55　3　　　問56　4
〔解説〕
　　問53　ニコチンは、毒物。アルカロイドであり、純品は無色、無臭の油状液体であるが、空気中では速やかに褐変する。水、アルコール、エーテル等に容易に溶ける。　　問54　塩化第二銅 $CuCl_2・2H_2O$ は劇物。無水物のほか二水和物が知られている。二水和物は緑色結晶で潮解性がある。110 ℃で無水物（褐黄色）とな

る。水、エタノール、メタノール、アセトンに可溶。　　問 55　燐化亜鉛 $Zn_3P_2$ は、灰褐色の結晶又は粉末。かすかにリンの臭気がある。水、アルコールには溶けないが、ベンゼン、二硫化炭素に溶ける。酸と反応して有毒なホスフィン $PH3$ を発生。劇物、1 ％以下で、黒色に着色され、トウガラシエキスを用いて著しくからく着味されているものは除かれる。　　　　　　問 56　塩素酸カリウム $KClO_3$（別名塩素酸カリ）は、無色の結晶。水に可溶。アルコールに溶けにくい。熱すると酸素を発生する。そして、塩化カリとなり、これに塩酸を加えて熱すると塩素を発生する。

問 57 〜問 60　問 57　3　　問 58　2　　問 59　1　　問 60　4

〔解説〕
　　問 57　クロルメコートは、劇物、白色結晶で魚臭、非常に吸湿性の結晶。用途は植物成長調整剤。　　問 58　硫酸タリウム $Tl_2SO_4$ は、劇物。白色結晶。用途は殺鼠剤。　　問 59　カズサホスは、硫黄臭のある淡黄色の液体。用途は殺虫剤（野菜等のネコブセンチュウ等の防除に用いられる。）。　　　　　問 60　シアン酸ナトリウム $NaOCN$ は、白色の結晶性粉末。劇物。用途は除草剤、有機合成、鋼の熱処理に用いられる。

問 61　1

〔解説〕
　　この設問で正しいのはどれかとあるので、1 のエマメクチン安息香酸塩が該当する。ちなみに、ブラストサイジン S は、劇物。白色針状結晶。用途は稲のイモチ病に用いる殺菌剤。　MPP（フェンチオン）は、劇物。褐色の液体。弱いニンニク臭を有する。用途は害虫剤。

問 62 〜問 65　問 62　3　　問 63　4　　問 64　1　　問 65　5

〔解説〕
　　解答のとおり。

問 66　3

〔解説〕
　　この設問の廃棄方法で誤っているものはどれかとるので、3 の燐化アルミニウムとその分解促進剤とを含有する製剤が該当する。次のとおり。燐化アルミニウムとその分解促進剤とを含有する製剤（ホストキシン）は、特定毒物。廃棄方法はおが屑等の可燃物に混ぜて、スクラバーを具備した焼却炉で焼却する<u>燃焼法</u>。

問 67 〜問 70　問 67　2　　問 68　4　　問 69　1　　問 70　3

〔解説〕
　　解答のとおり。

問 71　2

〔解説〕
　　この設問の貯蔵方法で誤っているものはどれかとあるので、2 のロテノンである。次のとおり。ロテノンを含有する製剤は空気中の酸素により有効成分が分解して殺虫効力を失い、日光によって酸化が著しく進行することから、密栓及び遮光して貯蔵する。

問 72 〜問 75　問 72　1　　問 73　3　　問 74　2　　問 75　5

〔解説〕
　　解答のとおり。

問 76　2

〔解説〕
　　2 の硫酸タリウムが誤り。次のとおり。硫酸タリウム $Tl_2SO_4$ は、白色結晶で、水にやや溶け、熱水に易溶、劇物、殺鼠剤。中毒症状は、疝痛、嘔吐、震せん、けいれん麻痺等の症状に伴い、しだいに呼吸困難、虚脱症状を呈する。治療法は、カルシウム塩、システインの投与。抗けいれん剤（ジアゼパム等）の投与。

問 77 〜問 79　問 77　2　　問 78　1　　問 79　5　　問 80　3

〔解説〕
　　解答のとおり。

（特定品目）
問51～問54　問51　5　　　問52　3　　問53　4　　問54　2
〔解説〕
　　　　問51　　　アンモニア NH₃ は、常温では無色刺激臭の気体、冷却圧縮すると容易に液化する。水、エタノール、エーテルに可溶。強いアルカリ性を示し、腐食性は大。水溶液は弱アルカリ性を呈する。　　　　問52　酢酸エチル CH₃COOC₂H₅（別名酢酸エチルエステル、酢酸エステル）は、劇物。強い果実様の香気ある可燃性無色の液体。揮発性がある。蒸気は空気より重い。引火しやすい。水にやや溶けやすい。沸点は水より低い。　　　問53　一酸化鉛 PbO（別名リサージ）は劇物。赤色～赤黄色結晶。重い粉末で、黄色から赤色の間の様々なものがある。水にはほとんど溶けないが、酸、アルカリにはよく溶ける。　　　問54　蓚酸(COOH)₂・2H₂O は無色の柱状結晶、風解性、還元性、漂白剤、鉄さび落とし。無水物は白色粉末。水、アルコールに可溶。エーテルには溶けにくい。また、ベンゼン、クロロホルムにはほとんど溶けない。
問55～問58　問55　3　　　問56　1　　問57　5　　　問58　2
〔解説〕
　　　　問55　塩酸 HCl は無色透明の液体で、25 ％以上のものは、湿った空気中でいちじるしく発煙し、刺激臭がある。種々の金属を溶解し、水素を発生する。（大部分の金属やコンクリート等を腐食させる。）　　問56　クロム酸ストロンチウム SrCO₄ は、劇物。黄色粉末、比重 3.89、冷水には溶けにくい。熱水には溶ける。酸、アルカリに溶ける。　　　問57　水酸化カリウム(KOH)は劇物(5 ％以下は劇物から除外)。（別名：苛性カリ）。空気中の二酸化炭素と水を吸収する潮解性の白色固体である。　　　問58　メチルエチルケトン CH₃COC₂H₅ は、劇物。アセトン様の臭いのある無色液体。蒸気は空気より重い。水に可溶。引火性。有機溶媒。
問59　3
〔解説〕
　　　この設問の除外される濃度については、3 が正しい。ちなみに、クロム酸カリウムは 70 ％以下は劇物から除外。ホルムアルデヒドは 1%以下で劇物から除外。
問60　2
〔解説〕
　　　この設問の除外される濃度については、2 が誤り。2 の過酸化水素は 6 ％以下で劇物から除外。
問61～問64　問61　2　　　問62　4　　問63　5　　　問64　1
〔解説〕
　　　解答のとおり。

問65～問68　問65　4　　　問66　5　　問67　1　　　問68　2
〔解説〕
　　　　問65　四塩化炭素(テトラクロロメタン)CCl₄ は、特有な臭気をもつ不燃性、揮発性無色液体。確認方法はアルコール性 KOH と銅粉末とともに煮沸により黄赤色沈殿を生成する。　　　問66　蓚酸は一般に流通しているものは二水和物で無色の結晶である。注意して加熱すると昇華するが、急に加熱すると分解する。水溶液は、過マンガン酸カリウムの溶液を退色する。水には可溶だがエーテルには溶けにくい。　　　問67　酸化第二水銀 HgO は毒物。赤色または黄色の粉末。水にはほとんど溶けない。小さな試験管に入れる熱すると、ばしめに黒色にかわり、後に分解して水銀を残し、なお熱すると、まったく揮散してしまう。問68　硫酸の水溶液にバリウムイオンを含む水溶液を加えると硫酸バリウムの白色沈殿を生じる。
問69　3
〔解説〕
　　　この設問の廃棄方法で誤っているものはどれかとるので、3 の硝酸が該当する。次のとおり。硝酸 HNO₃ は、腐食性が激しく、空気に接すると刺激性白霧を発し、水を吸収する性質が強い。酸なので中和法、水で希釈後に塩基で中和後、水で希釈処理する中和法。

問70　2
〔解説〕
　　この設問の廃棄方法で誤っているものはどれかとるので、２の酢酸エチルが該
当する。次のとおり。酢酸エチル $CH_3COOC_2H_5$ は劇物。強い果実様の香気ある可
燃性無色の液体。可燃性であるので、珪藻土などに吸収させたのち、燃焼により
焼却処理する燃焼法。
問71　1
〔解説〕
　　過酸化水素 $H_2O_2$ は、無色無臭で粘性の少し高い液体。少量なら褐色ガラス瓶（光
を遮るため）、多量ならば現在はポリエチレン瓶を使用し、３分の１の空間を保ち、
日光を避けて冷暗所保存。
問72〜問75　問72　3　　問73　4　　問74　5　　問75　1
〔解説〕
　　　問72　重クロム酸カリウム $K_2Cr_2O_7$ は、橙赤色結晶、酸化剤。飛散したものは
空容器にできるだけ回収し、そのあとを還元剤の水溶液を散布し、消石灰、ソー
ダ灰等の水溶液で処理した後、多量の水を用いて洗い流す。　　　問73　クロロホ
ルム（トリクロロメタン）$CHCl_3$ は、無色、揮発性の液体で特有の香気とわずかな
甘みをもち、麻酔性がある。漏えいした際、風下の人を退避させる。漏えいした
液は土砂等でその流れを止め、安全な場所に導き、空容器に回収し、そのあとを
多量の水を用いて洗い流す。洗い流す場合には、中性洗剤等の分解剤を使用して
洗い流す。　　問74　トルエンが少量漏えいした液は、土砂等に吸着させて空容
器に回収する。多量に漏えいした液は、土砂等でその流れを止め、安全な場所に
導き、液の表面を泡で覆いできるだけ空容器に回収する。　　　問75　水酸化ナト
リウムの漏えいした液は土砂等でその流れを止め、土砂等に吸着させるか、又は
安全な場所に導いて多量の水をかけて洗い流す。必要があれば更に中和し、多量
の水を用いて洗い流す。皮膚に触れた場合は皮膚が激しく腐食するので、直ちに
付着又は接触部を多量の水で十分に洗い流す。なお、汚染された衣服や靴は速や
かに脱がせること。
問76〜問79　問76　4　　問77　2　　問78　1　　問79　5
〔解説〕
　　解答のとおり。
問80　1
〔解説〕
　　１のホルムアルデヒドが誤り。次のとおり。ホルムアルデヒド HCHO を吸引す
るとその蒸気は鼻、のど、気管支、肺などを激しく刺激し炎症を起こす。経口の
場合は、胃洗浄等。

毒物劇物試験問題集〔中国五県統一版〕
過去問
令和 2 (2020)年度版

ISBN978-4-89647-276-9　C3043　￥600E

令和 2 年(2020年) 8 月 1 日発行　　　　　　　　　　定価600円＋税

編　集　　毒物劇物安全性研究会

発　行　　薬務公報社

〒166-0003　東京都杉並区高円寺南2-7-1　拓都ビル
電話　03(3315)3821　　　　　ＦＡＸ　03(5377)7275

## 薬務公報社の毒劇物図書

### 毒物及び劇物取締法令集　令和2 (2020) 年版

法律、政令、省令、告示、通知を収録。毎年度に年度版として刊行

監修　毒物劇物安全対策研究会　定価二、五〇〇円＋税

### 毒物及び劇物取締法解説　第四十三版

本書は、昭和五十三年に発行して令和二年で四十三年。実務書、参考書として親しまれています。

収録の内容は、1．毒物及び劇物取締法の法律解説をベースに、2．特定毒物・毒物・劇物品目解説〔主な毒物として、55品目、劇物は150品目を一品目につき一ページを使用して見やすく収録〕、3．基礎化学概説、4．例題と解説〔法律・基礎化学解説〕をわかりやすく解説して収録。

編集　毒物劇物安全性研究会　定価三、五〇〇円＋税

### 毒物及び劇物取締法試験問題集　全国版

本書は、昭和三十九年六月に発行して以来、毎年年度版で全国で行われた道府県別に毒物劇物取扱者試験問題、解答・解説を収録して発行。

編集　毒物劇物安全性研究会　定価三、二〇〇円＋税

### 毒物及び劇物取締法試験問題集【九州・沖縄県統一版】令和2 (2020) 年度版

本書は、九州全県・沖縄県で行われた毒物劇物取扱者試験過去問〔五年分〕を法規・基礎化学・取扱・実地に区分して問題編と解答・解説編を収録。直前試験には必携の書。

編集　毒物劇物安全性研究会　定価一、八〇〇円＋税